＼初學／梭編蕾絲の美麗練習帖

何謂「梭編蕾絲」？

「梭編蕾絲」係指靠一支形狀像小船，被稱之為「梭子」的小捲線器連續打上結目後完成的蕾絲。梭編是一項只需使用少量材料＆工具，不挑場所，隨時隨地皆能享受編織樂趣的手工藝。本書特別針對第一次挑戰梭編蕾絲的你收錄了許多作法非常簡單的小作品＆透過圖片作詳盡的解說，請懷著最輕鬆愉快的心情試著挑戰看看。

Contents

從花朵主題圖樣開始作作看 → P.14

應用主題圖樣的戒指＆髮插＆項鍊 → P.15

蝴蝶の主題圖樣 &

應用主題圖樣的項鍊＆吊飾 → P.26

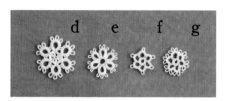

晶瑩剔透的雪花主題圖樣 → P.28

應用主題圖樣的吊飾＆耳環＆項鍊 → P.29

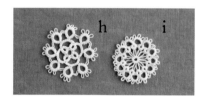

飾墊風主題圖樣 → P.34

應用主題圖樣的胸針 → P.35

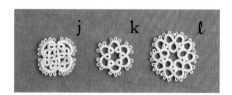

以耳為重點的主題圖樣 → P.40

應用主題圖樣的髮圈 → P.41

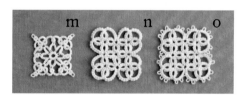

方形主題圖樣 → P.44

應用主題圖樣 o 的書籤 → P.45

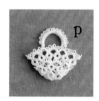

馬爾歇包主題圖樣 → P.48

應用主題圖樣的吊飾 → P.49

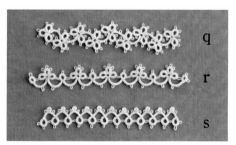

花邊×3 款 → P.52

應用花邊 q 的手環 → P.53

應用花邊 r・s 的手帕 → P.54

梭編蕾絲の基本知識

製作梭編蕾絲前先備妥必要材料&工具吧！

❀ 材料&工具

蕾絲線
＃號數愈大線愈細，使用的線愈細，完成的作品就愈細緻精美。

本書作品使用DARUMA蕾絲線＃40紫野（10g／球）、蕾絲線＃30葵（25g／球）、金蔥蕾絲線＃30（20g／球）、麻質蕾絲線＃30（20g／球）等四種線材，每項作品只使用少量，因此作法部分並未記載線材用量。

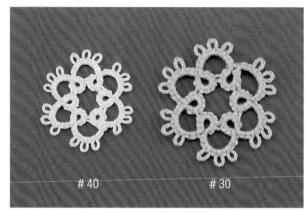

＃40　　　　　＃30

即便是相同的圖樣，還是可能因線材粗細度不同，而織出不同大小的作品（上圖的圖樣為作品的實際大小）。

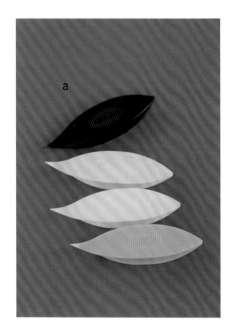

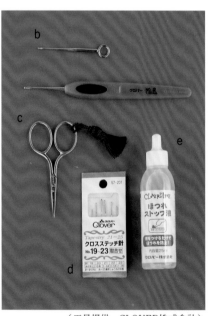

（工具提供　CLOVER株式會社）

a. **梭編蕾絲專用梭子**
   以可以纏繞線材的船形編織工具在線材的上、下往返穿梭後完成結目。選用尖頭類型的梭子將更方便挑鉤或拆解線材。

b. **蕾絲專用鉤針**
   挑鉤細小部位或連結環部位時使用，選用懸掛式梭編蕾絲專用鉤針將更方便。

c. **剪刀**
   剪斷線材時使用，準備一把鋒利的手工藝專用剪刀將更便利。

d. **十字繡專用針**
   用於處理線頭。針尖圓鈍，適合處理細線時使用。

e. **防止線頭鬆脫的膠料**
   用於處理線頭。

🌸 梭子の捲線方式

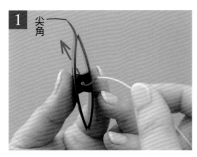

1 尖角

豎起梭子,將尖角朝左拿在左手上,將線頭穿過梭子中央的孔洞。

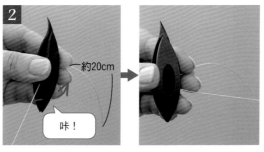

2 約20cm 咔!

線穿過孔洞後以食指&中指夾住線頭,線球側的線則經由梭子中央繞向另一側。

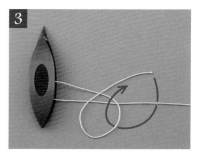

3

線頭在線球側的線上繞一圈以形成線圈狀,再依箭頭指示穿過該線圈。

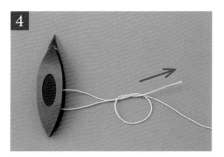

4

拉緊線頭作出打結。

5

拉緊線球側的線,直至將打結處移動至梭子中心為止。

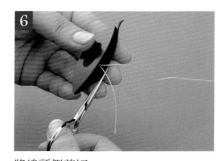

6

將線頭側剪短。

7 咔!

豎起梭子,尖角朝左拿在左手上,由內側往外側纏繞,將線平均地繞在梭子上。

8

完成繞線。部分作品可能需剪斷線球側的線後再編織作品,或以連結線球的狀態直接編織作品等情形,請多留意作法說明。

※貼心叮嚀!

繞線分量應避免超出梭子的兩側,線繞太飽時易弄髒線材或導致梭子的開口繃開。

✗

梭子的開口

5

✿ 基本の「結目」

梭編蕾絲係以基本的1個結目連續穿梭編織（素稱「Double Stitch」）成各式各樣的漂亮圖樣。

基本の1目（表裡結Double Stitch）

一條為芯線，另一條依「表結」→「裡結」的順序，在芯線上穿梭打結，完成基本的1目表裡結，即為Double Stitch。

連續結目

反覆編織2次表裡結後完成2目之狀態。編織連續結目時，目與目必須緊密相連地依序完成。

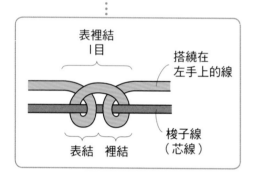

- 表裡結1目
- 搭繞在左手上的線
- 表結　裡結
- 梭子線（芯線）

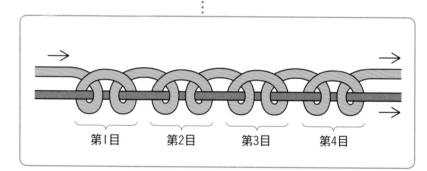

第1目　　第2目　　第3目　　第4目

✿ 「架橋」・「環」・「耳」

反覆編織表裡結，構成「架橋」&「環」後組合成不同的圖樣，即可完成各式各樣的作品。
在編織過程中作耳，除了可以將作品處理得更可愛之外，還兼具連結架橋與環的作用。

架橋・耳

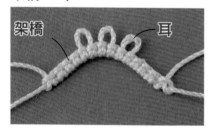

架橋　　　耳

在直線上編織表裡結之狀態稱「架橋」，編好後會自然形成弧度。

環

在芯線上連續編織結目後構成的環狀圖樣就叫作「環」。

由架橋・環・耳組合而成的作品。

編織架橋

透過架橋梭編過程，將「基本的1目」梭編技巧練得更純熟，靈活使用繞在梭子上的線＆線球側的線吧！
為了使讀者看清楚作法，以下示範將以兩種顏色的線作出區別。

＊右手拿梭子

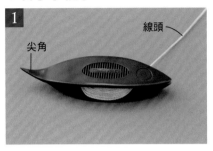

梭子繞線後將尖角面朝上，以便將線順暢地往右上角拉出。

右手拿梭子，再以食指＆拇指捏住梭子，將線頭拉向小指側。

＊將線搭繞在左手上

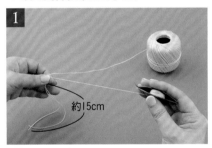

拉住線球側的線＆繞在梭子上的線，先對齊2條線的線頭，再以左手拇指＆食指捏住距離線頭端15cm處。

左手中指＆拇指重新捏住同一個位置後豎起食指，再將線球側的線繞過食指。

線繞過食指後直接往左手小指上纏繞1至2圈固定，以免鬆脫。

彎曲小指。

其他搭繞方法

除了上述搭繞方式，亦可如左圖，先以食指＆拇指捏住線，再將線搭繞過中指。建議自由採用編織起來最得心應手的方式搭繞即可。

＊編織表結

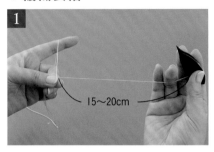

15～20cm

將左手捏線位置與梭子之間的線長調整為15至20cm。

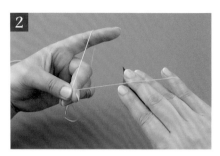

右手小指繃緊梭子線之後反轉手掌，讓線搭在手指背上。

在前述狀態下將梭子穿過搭繞在左手拇指和食指之間的那條線的下方。

儘量往前推送至梭子完全通過線的下方為止。
此時線會自然地滑過右手食指和梭子之間。

縮回右手，將梭子穿過左手線的上方。

梭子通過線的上方時，右手拇指暫時離開，梭子通過後拇指立即壓住（照片中拇指離開動作比較誇張，實際上，線轉眼之間就滑過梭子和拇指之間）。

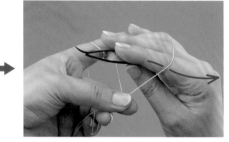

梭子從右手指背上那條線的下方穿過後縮回右手，就會呈現梭子線與左手線纏繞的狀態。

8

左手食指微彎，放鬆原本由左手繃緊的線。

9

拉緊。

成功轉移結目！

在前述狀態下縮回右手拉緊梭子線後，立即轉變成左手線纏繞右手線之狀態；以上動作以梭子線為芯線，稱之為「轉移結目」。

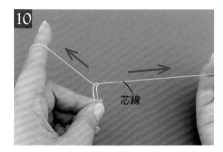

10

芯線

在轉移結目後的狀態下拉動右手線，同時伸直微彎的左手食指，促使結目移動至左手拇指與中指捏住線的位置。

＊編織裡結

11

表結

完成表結的狀態。

1

15～20cm

左手捏住表結，將表結＆梭子間的線長調整為15至20cm。

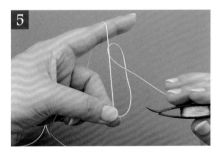

2

將梭子移至搭繞在左手拇指＆食指間的線的上方。

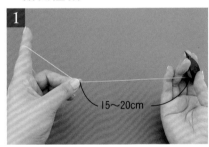

3

右手拇指鬆開的剎那，將梭子穿過左手上那條線的下方。

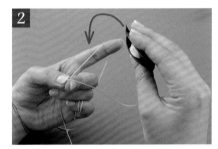

4

梭子的一部分通過線的下方後，拇指立即按住梭子，縮回拿著梭子的右手。此時線會自然地滑過右手食指＆梭子之間。

5

形成梭子線纏繞左手線之狀態。

轉移結目（請參考P.9）

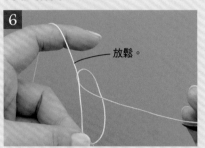

6　放鬆。

左手食指微彎，放鬆原本由左手繃緊的線。

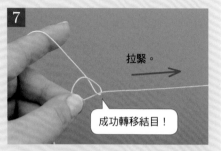

7　拉緊。
成功轉移結目！

拉動右手上的線後繃緊，即可轉移結目。

8　1目表裡結

在上述狀態下拉動右手線以拉緊結目，即可完成裡結。透過以上步驟完成1目表裡結。

9

重覆編織表結＆裡結。

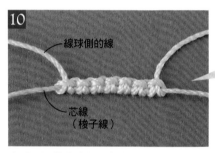

10　線球側的線
芯線
（梭子線）

完成7目的架橋。線球側的線繞編在梭子線上。

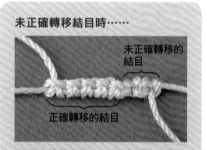

未正確轉移結目時……

未正確轉移的結目
正確轉移的結目

未正確轉移結目時，線球側的線會變成芯線，出現梭子線繞編在芯線上的狀態。若發生此狀況，建議拆掉重新編織（請參考P.21）。

作耳

1　間隔開來。

編織表結時，線不可完全拉緊，與前一個結目之間必須預留些許間隔。

2　靠近。

預留間隔後完成1目。將剛完成的1目靠向前一個結目。

3

前、後兩個結目靠攏後的狀態。以預留間隔的一半長度為耳的高度，並在作耳的同時完成下一個結目。

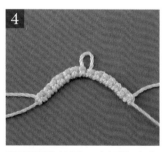

4

繼續編織結目。上圖為在架橋中央作耳後的模樣。

編織環

使用繞在梭子上的1條線。請參考編織架橋單元中基本的1目編法。

＊將線搭繞在左手上

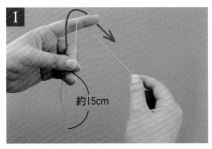

左手拇指&中指捏住距離梭子側線頭端約15cm處，再將線繞過豎起的食指。

緊接著繞過小指。

然後以拇指&中指捏住已經在左手上繞了一整圈的線圈。

＊編織結目 ※參考P.8至P.10「編織表結」、「編織裡結」單元中介紹的方法以完成結目。

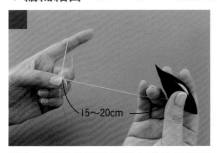

將左手捏線位置與梭子之間的線長調整為15至20cm。

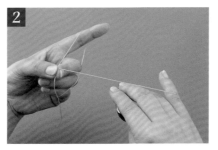

右手小指繃緊梭子線之後反轉手掌，讓線搭在手指背上。

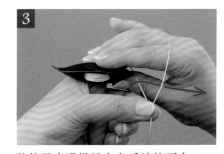

將梭子穿過搭繞在左手線的下方。

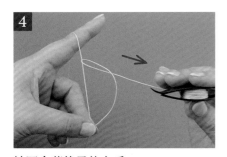

縮回拿著梭子的右手。

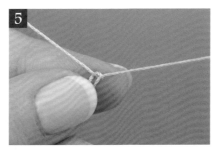

表結完成。

接著編織裡結。

編織過程中搭繞在左手上的線圈變小時……

  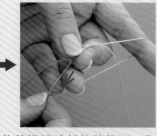

編織幾個結目後，繞在左手上的線圈就會愈來愈小。

線圈變小時，必須在左手依然搭繞線材的狀態下，靠右手拉動小指側的線後往下拉以擴大線圈。擴大線圈時必須以左手拇指&中指輕輕地捏住結目後才拉線。

7

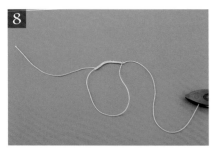

裡結完成。

8

必要目數編織完成。圖中特地從左手取下線圈，以便能清楚看見此階段的完成狀況。

9

 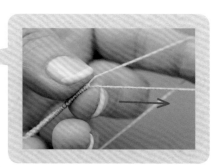

以左手捏住最後一個結目，右手拉動梭子線以收攏線圈。

10

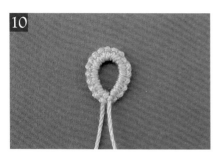

拉緊線圈，完成環。

拉線方向

O

順著線圈編織方向，往最順暢的方向拉線。

X

若往不順暢的方向拉線，可能因線圈拉得不夠徹底而留下空隙。

梭編圖の記號說明

本書作品皆以可簡潔地表現各種梭編技巧的梭編圖解說作品的編織過程。
本單元將解說梭編圖的解讀方法。
每一頁的梭編圖旁皆會詳細記載編織步驟，建議與圖片相互參照。

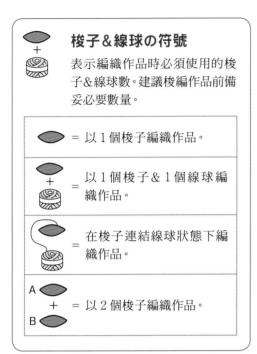

梭子&線球の符號

表示編織作品時必須使用的梭子&線球數。建議梭編作品前備妥必要數量。

	= 以1個梭子編織作品。
	= 以1個梭子&1個線球編織作品。
	= 在梭子連結線球狀態下編織作品。
A + B	= 以2個梭子編織作品。

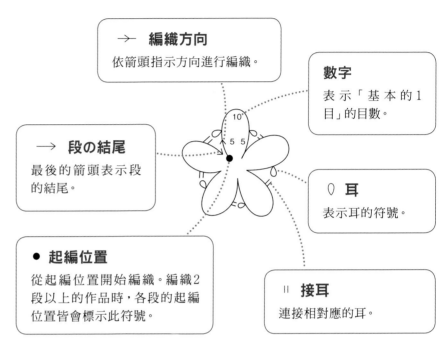

→ 編織方向
依箭頭指示方向進行編織。

→ 段の結尾
最後的箭頭表示段的結尾。

● 起編位置
從起編位置開始編織。編織2段以上的作品時，各段的起編位置皆會標示此符號。

數字
表示「基本的1目」的目數。

○ 耳
表示耳的符號。

‖ 接耳
連接相對應的耳。

— 粗線
表示「架橋」。

— 細線
表示「環」。

丨 梭線接耳
表示「與梭線接耳」。

線の顏色
每一段皆以不同顏色的線表示。以黑色線表示第1段，紅色線表示第2段，紫色線表示第3段。其次，以水藍色線表示「假耳」。

從花朵主題圖樣
開始作作看

建議先從最基本、最簡單的主題圖樣開始挑戰，一開始難免覺得有點難，但掌握訣竅後自然就會得心應手。

將小巧可愛的主題圖樣a改變一下花瓣的片數或大小，將4枚花瓣疊縫在一起即可完成a′般的立體圖樣。將a作耳（參考P.10）後，則完成主題圖樣b，重疊在一起即完成b′，營造出來的華麗氛圍都遠勝於主題圖樣a。

＊使用線材⋯DARUMA蕾絲線＃30 葵（a、b、a′-3・4、b′-3・4）　＊作法⋯P.16 至 P.25
　　　　　DARUMA蕾絲線＃40 紫野（a′-1・2、b′-1・2）

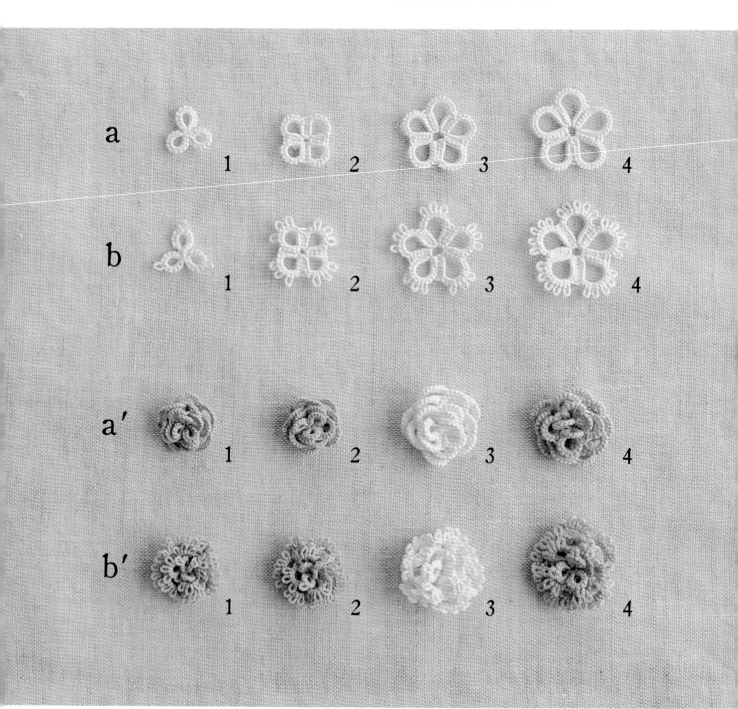

14

應用主題圖樣の戒指＆髮插＆項鍊

由主題圖樣a′與b′完成的飾品。
成品小巧卻體面大方＆精緻典雅。

＊使用線材
　　1・3…DARUMA蕾絲線＃40 紫野
　　2・4・5…DARUMA蕾絲線＃30 葵
＊作法…P.58

1.3cm

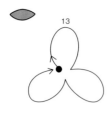

13

編織3個13目的環。

●使用線材
DARUMA蕾絲線
#30 葵　米白色（2）

1

編織1個13目的環。

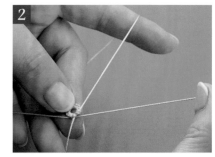

2

線在左手上搭繞一圈。

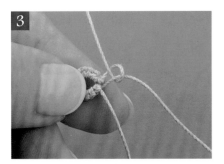

3

編織表結。

4

拉緊結目至緊貼第1個環為止。

5

編織裡結。

6

同樣編織13目。

7

拉動&拉緊梭子線作出環形。

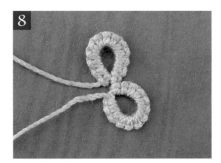

8

完成第2個環。

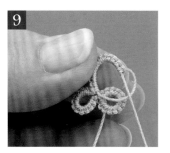

以相同要領編織第3個環。

第3個環完成。

※小叮嚀！

從第2個環開始，編織第1目時都必須緊貼前一個環；若未緊貼，則易出現如圖片中作品般，環與環之間出現空隙的情形。

P.14　主題圖樣 a-2・a-3・a-4の作法

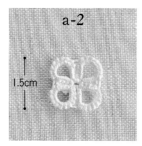

a-2
1.5cm

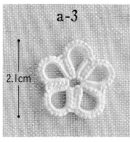

a-3
2.1cm

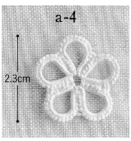

a-4
2.3cm

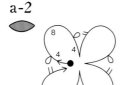

a-2

1　編織1個「4目・耳・8目・耳・4目」的環。
2　編織2個「4目・與前一個環接耳・8目・耳・4目」的環。
3　編織1個「4目・與前一個環接耳・8目・與第1個環接耳・4目」的環。

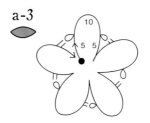

a-3

1　編織1個「5目・耳・10目・耳・5目」的環。
2　編織3個「5目・與前一個環接耳・10目・耳・5目」的環。
3　編織1個「5目・與前一個環接耳・10目・與第1個環接耳・5目」的環。

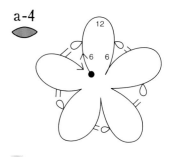

a-4

1　編織1個「6目・耳・12目・耳・6目」的環。
2　編織3個「6目・與前一個環接耳・12目・耳・6目」的環。
3　編織1個「6目・與前一個環接耳・12目・與第1個環接耳・6目」的環。

環&環の連結法

※以主題圖樣a-2說明。

●使用線材
DARUMA蕾絲線
#30 葵　米白色（2）

1

編織第1個環。

2

編織第2個環的前4目。

3

把第1個環上的耳壓在左手線上。

4

如箭頭指示，以梭子的尖角挑鉤壓在耳下的線。

5

鉤出壓在耳下的線後擴大成線圈。

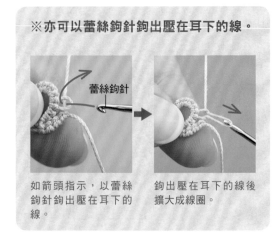

※亦可以蕾絲鉤針鉤出壓在耳下的線。

蕾絲鉤針

如箭頭指示，以蕾絲鉤針鉤出壓在耳下的線。

鉤出壓在耳下的線後擴大成線圈。

6

接著由下往上將梭子穿過線圈。

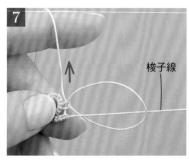

7

梭子線

拉動左手線以縮緊線圈。

8

縮緊線圈。此時還沒完成下1個結目。

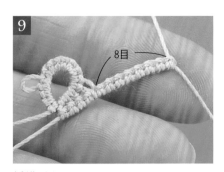

9

8目

編織8目。

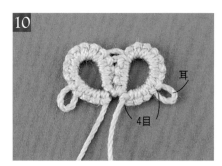

10

耳

4目

繼續編織耳&4目，完成第2個環。並使靠近耳的結目處緊貼第1個環。

連結最初&最後の環

※以主題圖樣a-2說明。

連結最後（第4個）&最初（第1個）的環時，採用本單元中介紹的方法，即可避免連結部位扭曲變形，作出最漂亮的連結。

編織第4個環至連結第1個環的位置為止，再如箭頭指示，依虛線處作出谷摺。

接著如箭頭指示翻轉環的部位。

如箭頭指示，將梭子的尖角從正面插入第1個耳。

以梭子的尖角挑鉤壓在耳下的線（左手線）。

挑線鉤出&擴大成線圈，再將梭子穿過線圈。

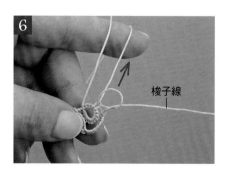

拉動搭繞在左手上的線，縮緊線圈。

縮緊線圈的狀態。

接著編織4目（第4個環的最後4目）。

9

將摺疊處恢復原狀,攤開圖樣。

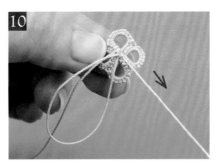

10

拉動梭子線,縮緊第4個環。

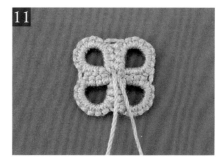

11

最初&最後的環連結完成的模樣。

線頭の處理方法

＊背面打結法

1

預留線頭約15cm後剪斷,然後在圖樣
背面打1次結。

2

線纏繞2次。

再打一次結。打結時線必須纏繞2次。

3

塗抹少許黏膠以防打結處鬆脫,並稍微
修剪線頭。

＊針縫固定法

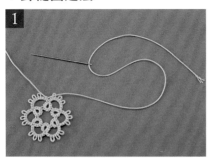

1

將線頭拉至圖樣背面後打結,預留約
15cm後剪斷,穿上十字繡針。

2

如箭頭指示,由內側往外,將十字繡針
穿過結目。

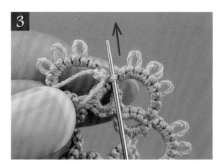

3

十字繡針插入結目後,從外側拉出十字
繡針。

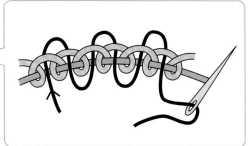

如箭頭指示，繡針由外往內側插入結目。重覆步驟 2 至 4，再如右圖所示將線頭縫入結目裡。

將線頭剪短，再以相同要領將另一條線頭縫入另一側以藏起線頭。

錯編時の拆線要領

✻ 架橋時 ※拆開結目，將錯編部分完全拆除。

將梭子的尖角插入最後一個結目。

往右拉，鬆開結目。

將梭子插入已鬆開的結目。

梭子穿過後即可拆掉結目。

拆掉半目的狀態。

如箭頭指示，將梭子的尖角插入下一個結目。

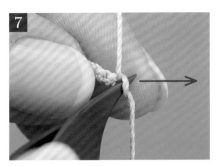

往右拉，鬆開結目。

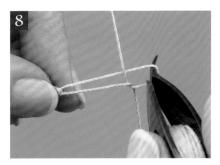

鬆開結目的狀態。

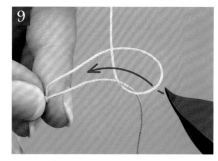

將梭子穿過結目後，如箭頭指示，從另一側穿過線圈即可拆掉結目。

拆掉1個結目的狀態。重覆步驟 1 至 10 ，將錯編的結目全部拆除。

＊環の拆法

※但若
・耳太少（或未作耳）
・蕾絲線太細
・環太緊而拉不出芯線
出現這些情形時就無法採用上述拆線方式，必須剪斷（從環的中心點附近剪斷，再以拆環要領拆掉結目）錯編部分的蕾絲線，再以編織接線法（請參考P.23）重新接線。

取十字繡針依箭頭指示插入最後一個耳的基部。

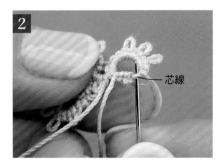

芯線

以繡針挑起環的芯線。

豎起繡針，水平拉出擴大芯線。

將繡針插入下一個耳的基部後，挑出芯線。

5

水平拉出繡針，擴大芯線。

6

適度地擴大芯線後，以右手食指＆拇指捏住繞編著環的基部的芯線。

7

將芯線往下拉以擴大線圈，再以架橋拆解要領依序拆除結目。

中途接線要領

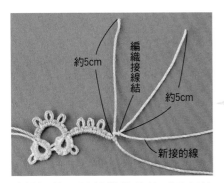

約5cm

編織接線結

約5cm

新接的線

線變短後，以編織接線技巧重新接線。

※新接的線也須預留約5cm以方便打結。

以編織接線技巧，貼近最後一個結目打結（亦即在靠近環的位置進行連結）。

編織接線法

可以打出緊實且不容易鬆脫的線結。

❶

❷

❸

❹

＊完成作品

將完成作品噴上熨燙專用膠，即可處理得更漂亮且更不容易變形。

作品背面朝上擺放，噴上熨燙專用膠。

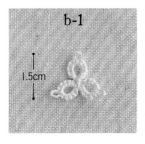
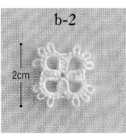
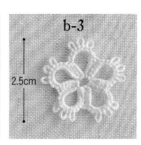
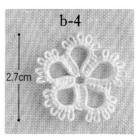

b-1　1.5cm
b-2　2cm
b-3　2.5cm
b-4　2.7cm

●使用線材
DARUMA蕾絲線
#30 葵　米白色（2）

b-1

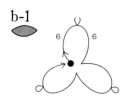

編織3個「6目・耳・6目」的環。

b-2

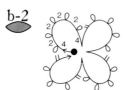

1　編織1個「4目・耳・2目・耳・2目・耳・2目・耳・2目・耳・4目」的環。

2　編織2個「4目・與前一個環接耳・2目・耳・2目・耳・2目・耳・2目・耳・4目」的環。

3　編織1個「4目・與前一個環接耳・2目・耳・2目・耳・2目・與第1個環接耳・4目」的環。

b-3

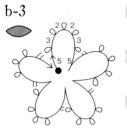

1　編織1個「5目・耳・3目・耳・2目・耳・2目・耳・3目・耳・5目」的環。

2　編織3個「5目・與前一個環接耳・3目・耳・2目・耳・2目・耳・3目・耳・5目」的環。

3　編織1個「5目・與前一個環接耳・3目・耳・2目・耳・2目・耳・3目・與第1個環接耳・5目」的環。

b-4

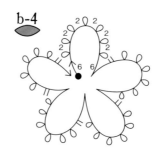

1　編織1個「6目・耳・2目・耳・2目・耳・2目・耳・2目・耳・2目・耳・6目」的環。

2　編織3個「6目・與前一個環接耳・2目・耳・2目・耳・2目・耳・2目・耳・2目・耳・6目」的環。

3　編織1個「6目・與前一個環接耳・2目・耳・2目・耳・2目・耳・2目・與第1個環接耳・6目」的環。

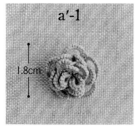
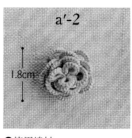

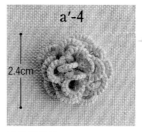

a'-1　1.8cm
a'-2　1.8cm
a'-3　2.4cm
a'-4　2.4cm

何謂a'…
由四枚主題圖樣a-1、a-2、a-3、a-4重疊而成（主題圖樣a-1作法見P.16，a-2至a-4作法見P.17）。

●使用線材
DARUMA蕾絲線
#40 紫野　紫色（14）

●使用線材
DARUMA蕾絲線
#40 紫野　薰衣草色（13）

●使用線材
DARUMA蕾絲線
#30 葵　米白色（2）

●使用線材
DARUMA蕾絲線
#30 葵　灰粉色（3）

b′-1	b′-2	b′-3	b′-4
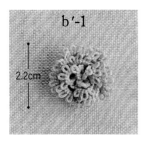	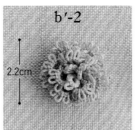	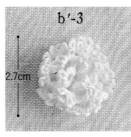	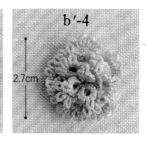
2.2cm	2.2cm	2.7cm	2.7cm

●使用線材
DARUMA蕾絲線
#40 紫野　紫色（14）

●使用線材
DARUMA蕾絲線
#40 紫野　薰衣草色（13）

●使用線材
DARUMA蕾絲線
#30 葵　米白色（2）

●使用線材
DARUMA蕾絲線
#30 葵　灰粉色（3）

> 何謂b′…
> 由四枚主題圖樣b-1、b-2、b-3、b-4重疊而成（圖樣b-1至b-4作法見P.24）。

＊主題圖樣的疊縫法　※圖中說明係針對主題圖樣a′，主題圖樣b′作法亦同。

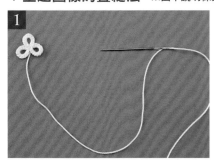

1 疊縫主題圖樣時只有a-1預留一條長長的線頭，其餘部分則需事先處理好線頭。將預留的線頭穿上十字繡針。

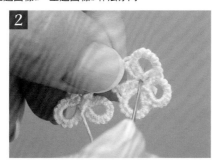

2 繡針從主題圖樣a-2正面的中心點插入後穿向背面。

3 繡針從主題圖樣 a-2 背面插入後穿向正面。

4 繡針穿縫2至3回即可縫牢a-1與a-2。

5 底下疊縫主題圖樣a-3，繡針從主題圖樣正面的中心點插入。

6 穿縫後固定住主題圖樣a-2與a-3，再以相同要領縫好主題圖樣a-3與a-4，完成由上而下依序由主題圖樣a-1、a-2、a-3、a-4構成的花朵。

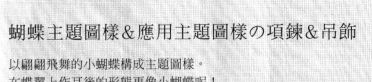

蝴蝶主題圖樣＆應用主題圖樣の項鍊＆吊飾

以翩翩飛舞的小蝴蝶構成主題圖樣。
在蝶翼上作耳後的形態更像小蝴蝶呢！
若在應用蝴蝶主題圖樣製作的項鍊＆吊飾上作耳，
加掛金屬零件將更為方便。

C

1   2   3

6   7   8

使用線材⋯DARUMA蕾絲線＃30 葵
作法⋯P.27

26

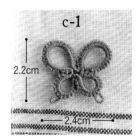

c-1

2.2cm

2.4cm

●使用線材
DARUMA蕾絲線
#30 葵　棕粉紅（11）

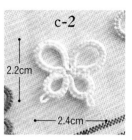

c-2

2.2cm

2.4cm

●使用線材
DARUMA蕾絲線
#30 葵　米白色（2）

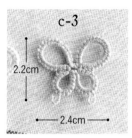

c-3

2.2cm

2.4cm

●使用線材
DARUMA蕾絲線
#30 葵　灰粉色（3）

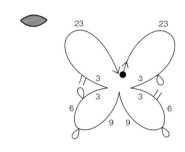

1　編織1個「23目・耳・3目」的環。

2　編織1個「3目・與前一個環接耳・6目・耳・9目」的環。

3　編織1個「9目・耳・6目・耳・3目」的環。

4　編織1個「3目・與前一個環接耳・23目」的環。

P.26 ❀ 6 至 8

＊使用線材
DARUMA蕾絲線
6　#30 葵　米白色（2）
7　#30 葵　米白色（2）
8　#30 葵　灰粉色（3）
＊其他材料
6　施華洛世奇材料
　　（#5301・5mm・水晶AB）1個
　　T針（0.5×14mm・古銅色）1個
　　單圈（0.7×4mm・古金色）1個
　　橢圓C圈（3×4mm・古金色）1個
　　附釦頭的珠鍊（古銅色）40cm
7・8　施華洛世奇材料
　　（#5301・5mm・水晶AB）各1個
　　T針（0.5×14mm・古銅色）各1個
　　單圈（0.7×4mm・古金色）各1個
　　手機吊繩（古銅色）1個
＊完成尺寸
圖樣長2.2cm 寬2.4cm

＊作法
1. 編織1個主題圖樣c。
2. 組合金屬配件。
3. 完成裝飾後與金屬配件組裝。

裝飾
T針
施華洛世奇材料

主題圖樣Cの應用

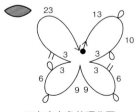

※在右上角的環作耳。
（用於連結金屬配件）

※T針的使用方法請參考P.58。
※單圈・C圈的使用方法請參考P.59。

6

附釦頭的珠鍊

裝飾

單圈

主題圖樣

橢圓C圈

7・8

手機吊繩

裝飾

單圈

主題圖樣

晶瑩剔透の雪花主題圖樣

狀似雪花的六角形圖樣。
使用細線可以完成小巧的作品，使用粗線則可編織成大型圖樣。

✽使用線材⋯DARUMA蕾絲線＃40 紫野、DARUMA蕾絲線＃30 葵（僅d-2·e-2·f-2使用）
✽作法⋯d→P.30　e→P.31　f→P.32　g→P.33

應用主題圖樣の吊飾&耳環&項鍊

9為以主題圖樣d、e、g組合而成的吊飾。10採用主題圖樣g、11採用主題圖樣d（分別以兩枚主題圖樣配成1對）作成鉤式耳環。12的項鍊則是由d至g五枚主題圖樣組合而成。以金蔥線編織的耳環&項鍊，閃耀著若隱若現的光輝。

＊使用線材
　9⋯DARUMA蕾絲線＃40 紫野
　10至12⋯DARUMA金蔥蕾絲線＃30
＊作法⋯9→P.59　10至12→P.60

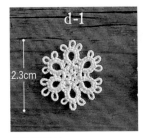
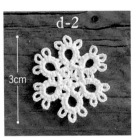

●使用線材
DARUMA蕾絲線
#40 紫野　象牙白（3）

●使用線材
DARUMA蕾絲線
#30 葵　米白色（2）

翻轉

編織環&架橋時，都是一邊朝著上方描畫弧形一邊完成。編織圖上的環與架橋弧形朝著相反方向時，必須於將環轉換為架橋（或架橋轉換為環）之際翻轉作品，使原本朝上編織的弧形朝向下方，此處理（將作品翻面）過程就稱作「翻轉（reverse work）」。

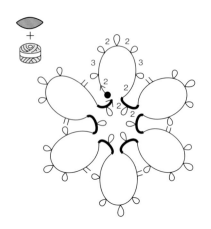

以梭子編織1個「2目・耳・3目・耳・2目・耳・2目・耳・3目・耳・2目」的環。

2　先翻轉，再加入線球側的線後編織「2目・耳・2目」的架橋。

3　依照織圖重複編織。

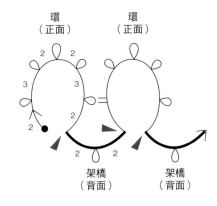

環（正面）　　　環（正面）

架橋（背面）　　架橋（背面）

▶ ＝reverse work（翻轉）位置

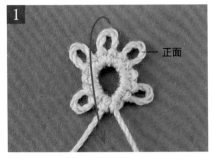

1

正面

完成第1個環後翻轉（如箭頭指示，將圖樣上下調轉後翻面）。

2

背面

翻轉完成，環已朝向下方。

3

線球側的線

梭子線

接著重新加入線球側的線，編織架橋。

4 編織架橋。

5 翻轉圖樣使架橋弧度朝向下方。

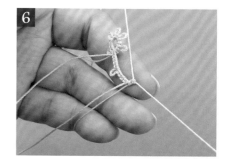

6 接續編織環的部分。重複此步驟。

作品の正面&背面

結目有正面與背面之分，從作耳的基部結目即可分辨。

※一邊翻轉一邊完成的作品可能會有1個作品同時出現正面與背面的情形。若作品中有花邊作耳或耳數眾多等狀況，建議以耳較多、較顯眼的面為正面。

正面　　　　　　　背面

耳的基部可看到結目的凸點。　　　耳的基部看不到結目的凸點。

以環上的耳為正面時

以架橋上的耳為正面時

P.28　主題圖樣 e の作法

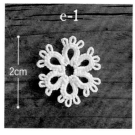

e-1
2cm

●使用線材
DARUMA蕾絲線
#40 紫野　米白色（2）

e-2
2.7cm

●使用線材
DARUMA蕾絲線
#30 葵　灰粉色（3）

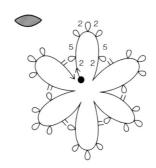

1 編織1個「2目・耳・5目・耳・2目・耳・2目・耳・5目・耳・2目」的環。

2 依照織圖重複編織。

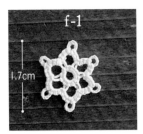
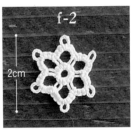

f-1

1.7cm

●使用線材
DARUMA蕾絲線
#40 紫野　米白色（2）

f-2

2cm

●使用線材
DARUMA蕾絲線
#30 葵　白色（1）

《第1段》
1　編織1個「『2目・耳』× 5次・2目」的環。
2　製作「假耳」。

《第2段》
1　編織「3目・耳・3目」的架橋。
2　以接梭線耳要領連結第1段的耳。
3　依照織圖重複編織。
4　最後，以接耳要領接連結假耳。

製作「假耳」

1

在梭子連結線球的狀態下開始編織（梭子未連結線球時，從梭子側的線頭起算約70cm處開始編織）。

2

編織第一段的環，直至製作假耳的位置前。

3

背面

將環翻轉後拿在手上。

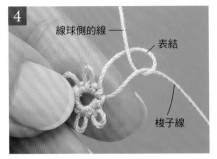

4

線球側的線

表結

梭子線

編織表結，在與最後一個結目之間空下些許距離。

5

接著編織裡結，但這時候不必將結目轉移到左手的線上，依然維持在將梭子線纏繞左手線之狀態即可。

6

假耳　確實綁緊。

背面　　　　正面

收緊至與其他的耳相同高度，確實地綁緊蕾絲線，完成看起來像耳卻不是耳的「假耳」。然後，不必剪線，直接編織下一段。

接續「假耳」後，開始編織第2段的第一個架橋。

先將梭子的尖角插入第1段的耳，再依箭頭指示挑鉤梭子線（以下圖示將使用不同顏色的線以便更清楚地解說）。

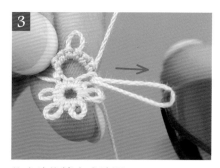

鉤出線後擴大成線圈。

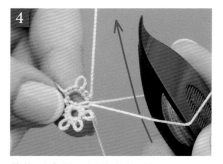

將梭子穿過已經擴大的線圈。

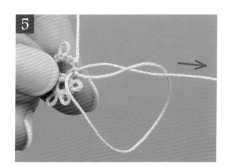

拉線縮緊線圈。

縮緊線圈，完成連結第1段的耳&第2段的架橋後之狀態。

P.28　主題圖樣gの作法

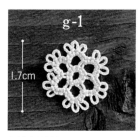

g-1

1.7cm

●使用線材
DARUMA蕾絲線
#40 紫野　象牙白（3）

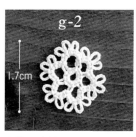

g-2

1.7cm

●使用線材
DARUMA蕾絲線
#40 紫野　米白色（2）

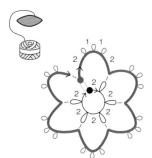

《第1段》
1　編織1個「『2目‧耳』× 5次‧2目」的環。
2　製作「假耳」。

《第2段》
1　編織「2目‧耳‧1目‧耳‧1目‧耳‧2目」的架橋。
2　以梭線接耳要領連結第1段的耳。
3　依照織圖重複編織。
4　最後，以梭線接耳要領連結假耳。

飾墊風主題圖樣

本單元將介紹 2 款設計得宛如飾墊般精緻典雅的圓形梭編主題圖樣。
建議點綴於布料或生活雜貨等作品上，作為重點裝飾。

＊使用線材…DARUMA蕾絲線＃40 紫野
＊作法…h→P.36　i→P.38

13

14

應用主題圖樣の胸針

以主題圖樣 h、i 分別與圍巾別針組合成漂亮的胸針。
將圍巾別針勾接於耳的部位，使主題圖樣恣意地擺盪。

使用線材…DARUMA蕾絲線＃40 紫野
作法…P.37

h-1

3.5cm

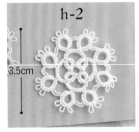

h-2

3.5cm

●使用線材

h-1
DARUMA蕾絲線
♯40 紫野　象牙白（3）

h-2
DARUMA蕾絲線
♯40 紫野　白色（1）

A
+
B

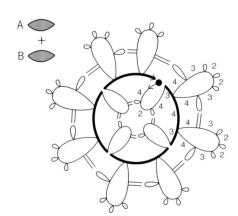

1 以梭子A編織1個「4目・短耳・2目・短耳・4目」的環。
2 加上梭子B的線後，編織3目的架橋。
3 以梭子B，在架橋上編織1個「4目・長耳（參考P.38）・3目・耳・2目・耳・2目・耳・3目・長耳・4目」的環。
4 以梭子A編織4目的架橋。
5 以梭子B在架橋上梭編1個「4目・與前一個環接耳・3目・耳・2目・耳・2目・耳・3目・長耳・4目」的環。
6 以梭子A編織3目的架橋。
7 依照織圖重複編織。

在架橋上編環

在弧度朝上的架橋上製作環的要領。
此時架橋&環皆應同為正面。

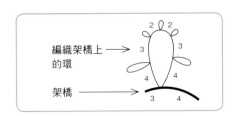

編織架橋上 →
的環

架橋 →

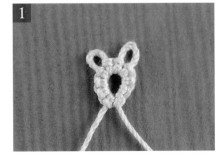

1

以梭子A編織第1個環。

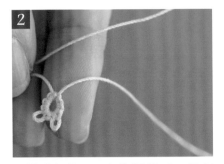

2

翻轉（參考P.30）後編織下一個架橋。將梭子B的線加在環上&搭繞在左手上。

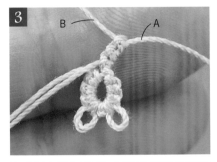

3

完成以A線為芯線，以B線編織結目的架橋。環&架橋之間需妥善處理以免留下空隙。

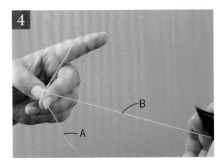

4

不翻轉，直接編織下一個環。A線暫時休息，運用編環要領，再次將B線搭繞在左手上。

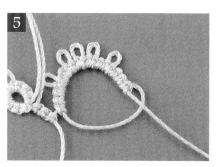

5

以B線編織出必要的環的目數。

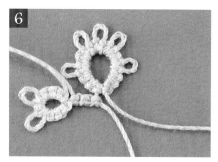

6

拉緊環的線。

7

先運用架橋編織要領,將B線搭繞在左手上,再以梭子A編織下一個架橋。出現以A線為芯線,以B線編織結目之情形。架橋上的1個環編織完成!

P.35 ❋ 13·14

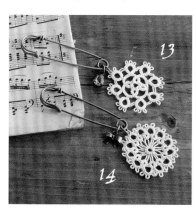

13

14

*使用線材
DARUMA蕾絲線
13 ♯40 紫野 白色(1)
14 ♯40 紫野 象牙白(3)
*其他材料
13 施華洛世奇材料
　　(♯4320・8×6mm・米灰色/F)1個
　　寶石鑲座(♯4320專用・古金色)1個
　　圍巾別針(約53mm・古銅色)1個
　　單圈(1×6mm・古銅色)2個
14 金屬配件
　　(蝴蝶結・7×9mm・古銅色)1個
　　圍巾別針(約53mm・古銅色)1個
　　單圈(1×6mm・古銅色)2個

*完成尺寸
13 圖樣大小 直徑3.5cm
14 圖樣大小 直徑3.2cm
*作法
13
1. 編織1個主題圖樣h(參考P.36)。
2. 組裝金屬配件。
3. 完成裝飾後組合在金屬配件上。
14
1. 編織1個主題圖樣i(參考P.38)。
2. 組裝金屬配件&飾品。

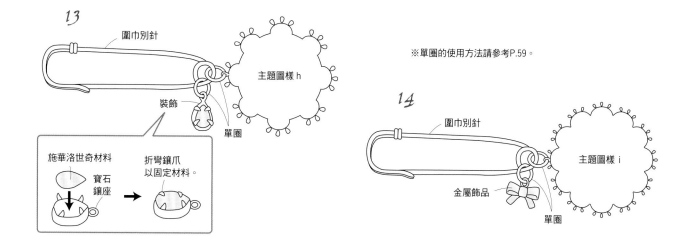

13

圍巾別針

主題圖樣h

裝飾

單圈

施華洛世奇材料

寶石鑲座

折彎鑲爪以固定材料。

※單圈的使用方法請參考P.59。

14

圍巾別針

主題圖樣i

金屬飾品

單圈

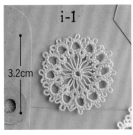

i-1

●使用線材
i-1
DARUMA蕾絲線
#40 紫野 象牙白（3）
i-2
DARUMA蕾絲線
#40 紫野 白色（1）
i-3
DARUMA蕾絲線
#40 紫野 米白色（2）

3.2cm

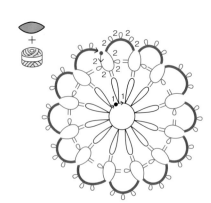

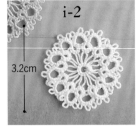

i-2

3.2cm

《第1段》
以梭子重複編織12次「1目・長耳」完成一個環後，預留線頭約15cm後剪斷。

《第2段》
1 編織1個「2目・短耳・2目・與第1段接耳・2目・短耳・2目」的環。
2 加上線球側的線後編織「2目・耳・2目・耳・2目・耳・2目」的架橋。
3 依照織圖重複編織。

i-3

3.2cm

編織長耳

編織長耳時易出現長度不一的情形，使用尺規即可作出長度一致的漂亮長耳。建議依據耳高裁剪厚紙等作成尺規後使用。

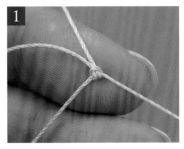

1

編織起編的第1目。

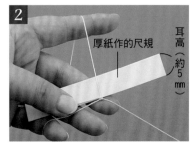

2

左手拿著依據耳高裁剪的尺規，將搭繞在食指上的線拉至尺規前（為了更清楚解說，圖示使用較大的尺規）。

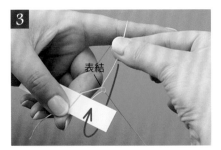

3

表結

編織表結，如箭頭指示，將搭繞在左手上的線拉到尺規的前面。

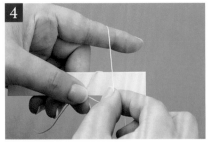

4

完成將線拉至尺規前。此時必須拉緊右手線，使表結的結目位於尺規的下方。

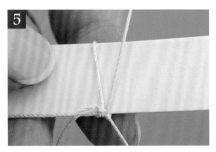

5

編好1個耳的狀態，此時表結位於尺規下方。

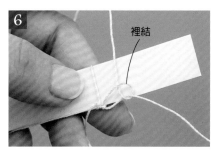

編織裡結。

完成1目。

以相同要領重複編織，依序完成高度相同的耳。完成第1段的結目後，輕輕地抽出尺規。

從第1段進入第2段

編織第1段後剪斷梭子線，重新起頭以梭子線編織第2段。
編織第2段過程中，一邊連結第1段，一邊完成第2段。
圖示中為了更清楚說明，第1段＆第2段使用不同顏色的線。

開始編織第2段時，以編環要領，將梭子線搭繞在左手上。

完成編織「2目・短耳・2目」。

把第1段的環壓在已經搭繞在左手上的那條線上，參考「環&環の連結法」（P.17），與第1段相連結。

完成與第1段連結。

接著編織「2目・短耳・2目」。

拉緊蕾絲線，完成第2段的第一個環。

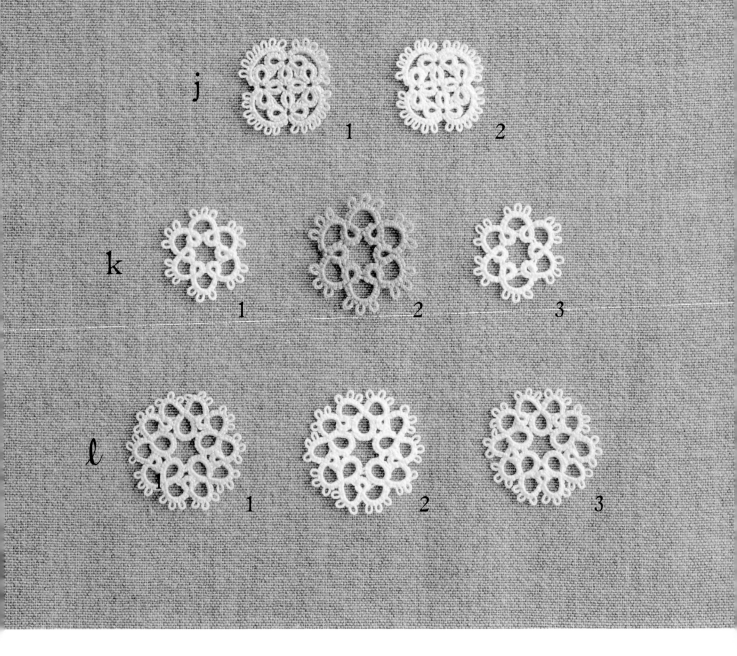

j

1   2

k

1   2   3

ℓ

1   2   3

以耳為重點の主題圖樣

以許許多多的耳為重點裝飾。
編織出精美無比，充滿高雅氛圍的圖樣。

＊使用線材…DARUMA蕾絲線＃40 紫野、DARUMA蕾絲線＃30 葵（僅k-2使用）
＊作法…j・k→P.42　ℓ→P.43

應用主題圖樣の髮圈

先將主題圖樣貼在包鈕上,再穿上鬆
緊帶,輕輕鬆鬆便完成獨一無二的髮
飾。

＊使用線材…DARUMA蕾絲線＃40 紫野
＊作法…P.43

j-1

2.6cm

●使用線材
DARUMA蕾絲線
#40 紫野　象牙白（3）

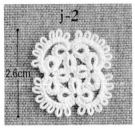

j-2

2.6cm

●使用線材
DARUMA蕾絲線
#40 紫野　米白色（2）

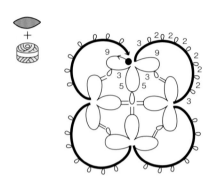

1　以梭子編織1個「9目・耳・3目」的環。
2　編織1個「5目・耳・5目」的環。
3　編織1個「3目・耳・9目」的環。
4　加上線球側的線後編織「3目・耳・2目・耳・2目・耳・2目・耳・2目・耳・2目・耳・2目・耳・3目」的架橋。
5　依照織圖重複編織。

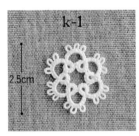

k-1

2.5cm

●使用線材
DARUMA蕾絲線
#40 紫野　米白色（2）

k-2

3.1cm

●使用線材
DARUMA蕾絲線
#30 葵　灰粉色（3）

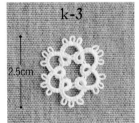

k-3

2.5cm

●使用線材
DARUMA蕾絲線
#40 紫野　白色（1）

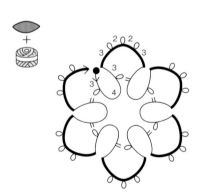

1　以梭子編織1個「3目・耳・4目・耳・3目」的環。
2　加上線球側的線後編織「3目・耳・2目・耳・2目・耳・3目」的架橋。
3　依照織圖重複編織。

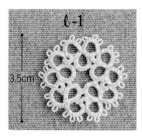

ℓ-1

3.5cm

●使用線材
DARUMA蕾絲線
#40 紫野　象牙白（3）

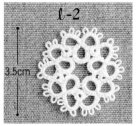

ℓ-2

3.5cm

●使用線材
DARUMA蕾絲線
#40 紫野　白色（1）

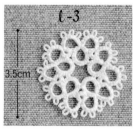

ℓ-3

3.5cm

●使用線材
DARUMA蕾絲線
#40 紫野　米白色（2）

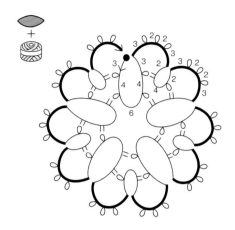

1　以梭子編織1個「3目・耳・4目・耳・6目・耳・4目・耳・3目」的環。
2　加上線球側的線後編織「3目・耳・2目・耳・2目・耳・3目」的架橋。
3　以梭子編織1個「2目・與前一個環接耳・4目・耳・2目」的環。
4　加上線球側的線後編織「3目・耳・2目・耳・2目・耳・3目」的架橋。
5　依照織圖重複編織。

P.41　✿ 15 至 17

＊使用線材
DARUMA蕾絲線
15 #40 紫野　白色（1）
16 #40 紫野　黑色（18）
17 #40 紫野　象牙白（3）

＊其他材料
淡水珍珠（米粒珠・約4.5mm・白色）各1顆
包釦（附釦腳・15・16 29mm　17 38mm）各1組
髮圈（直徑3mm・15 焦糖咖啡色　16 淺咖啡色
17 咖啡色）　15・16 各17cm　17 19cm
附卡榫的金屬固定片（古金色）各1個
布料（亞麻・15 黑色　16 淺咖啡色　17 焦糖咖啡色）
15・16 各直徑5cm　17 直徑6cm

＊完成尺寸
包釦直徑　15・16 29mm　17 38mm
＊作法
1.15採用主題圖樣 j（參考P.42）、16採用主題圖
樣 k（參考P.42）、17採用主題圖樣 ℓ，分別完
成1枚主題圖樣。
2.將主題圖樣＆淡水珍珠縫在布料上。
3.完成包釦。
4.將髮圈穿入釦孔，再以金屬固定片將兩端固
定在一起。

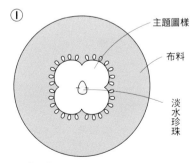

① 　　　　　　　　　　　　主題圖樣

布料

淡水珍珠

以黏膠將主題圖樣黏在布料上，
中央縫上淡水珍珠。

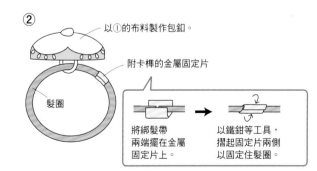

② 　　　　　　　　以①的布料製作包釦。

附卡榫的金屬固定片

髮圈

將綁髮帶
兩端擺在金屬
固定片上。

以鐵鉗等工具，
摺起固定片兩側
以固定住髮圈。

將髮圈穿入包釦的釦孔，再以金屬片將兩端固定在一起。

43

方形主題圖樣

造型非常可愛的方形主題圖樣，包括中央如花朵般的 m、狀似4枚主題圖樣拼接而成的 n，
以及 n 加上耳後完成的 o 等造型。

＊使用線材…DARUMA蕾絲線＃40 紫野（m）、DARUMA麻質蕾絲線＃30（n‧o）
＊作法… m→P.46　n‧o→P.47

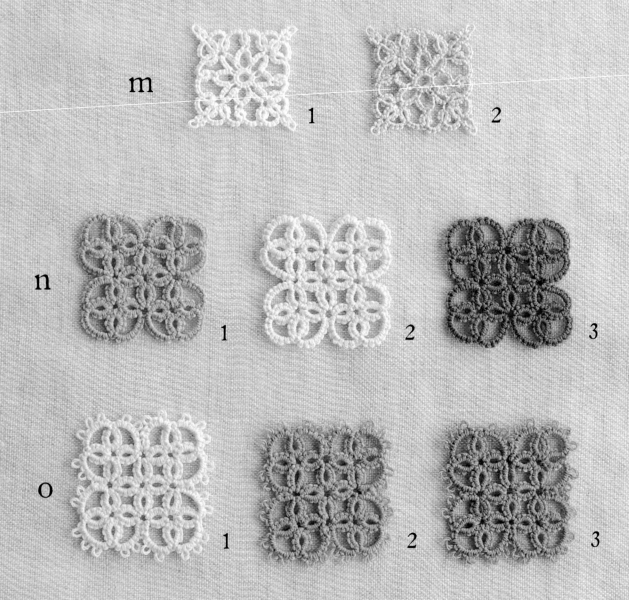

應用主題圖樣o的書籤

以主題圖樣o變換造型後完成十字架書籤，
再於十字架頂端編織上可愛的裝飾。

使用線材⋯DARUMA蕾絲線＃40 紫野
作法⋯P.61

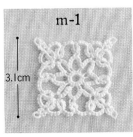

m-1

3.1cm

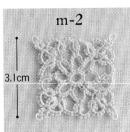

m-2

3.1cm

●使用線材

m-1
DARUMA蕾絲線
#40 紫野　米白色（2）

m-2
DARUMA蕾絲線
#40 紫野　象牙白（3）

第1・2段

A

第3段

A
＋
B

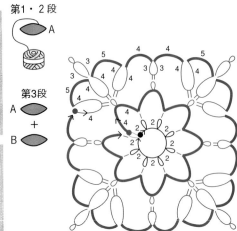

《第1段》
1 以梭子A編織1個「『2目・耳』×7次・2目」的環。
2 編織「假耳」。

《第2段》
1 編織「4目・耳・4目」的架橋。
2 以梭線接耳領連結第1段的耳。
3 依照織圖重複編織。

《第3段》
1 以梭子A編織1個「4目・與前段接耳・4目」的環。
2 加上梭子B的線後編織「5目」的架橋。
3 以梭子A編織1個「4目・與前段接耳・4目」的環。
4 以梭子B在步驟 3 的另一側編織1個「3目・耳・3目」的環。
5 重複步驟 2 、 3 各1次。
6 編織4目的架橋、1個「3目・與前段接耳・3目」的環、4目的架橋。
7 依照織圖重複編織。

在架橋兩側編織環

使用兩個梭子，分別在架橋的上、下方編織環。

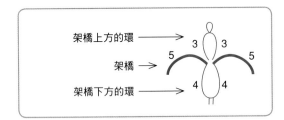

架橋上方的環 →
架橋 →
架橋下方的環 →

1

架橋

下方的環

加上梭子B的線後編織5目的架橋。翻轉（參考P.30）後以梭子A在架橋下方編織環＆再次翻轉使架橋位於正面。

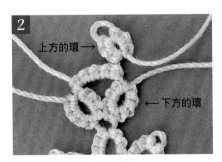

2

上方的環 →
← 下方的環

以梭子B編織上方的環。

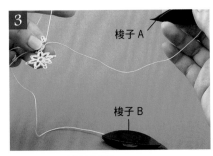

3

梭子 A
梭子 B

改以梭子A繼續編織。

4

架橋
上方的環
架橋
下方的環

完成於架橋上、下方編織環。

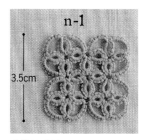

n-1

3.5cm

●使用線材
DARUMA麻質蕾絲線#30
卡其色（3）

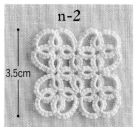

n-2

3.5cm

●使用線材
DARUMA麻質蕾絲線#30
米白色（2）

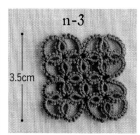

n-3

3.5cm

●使用線材
DARUMA麻質蕾絲線#30
咖啡色（10）

1　以梭子編織3個「5目・耳・5目」的環。
2　加上線球側的線後編織「8目」的架橋。
3　以梭子編織1個「5目・與前一個環接耳・5目」的環。
4　依序重複步驟 2 、 3 、 2 。
5　依照織圖重複編織。

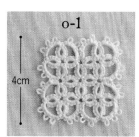

o-1

4cm

●使用線材
DARUMA麻質蕾絲線#30
米白色（2）

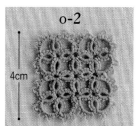

o-2

4cm

●使用線材
DARUMA麻質蕾絲線#30
灰色（9）

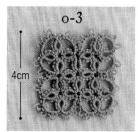

o-3

4cm

●使用線材
DARUMA麻質蕾絲線#30
淺咖啡色（8）

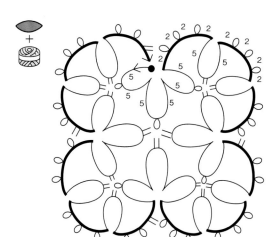

1　以梭子編織3個「5目・耳・5目」的環。
2　加上線球側的線後編織「2目・耳・2目・耳・2目・耳・2目」的架橋。
3　以梭子編織1個「5目・與前一個環接耳・5目」的環。
4　依序重複步驟 2 、 3 、 2 。
5　依照織圖重複編織。

馬爾歇包主題圖樣

迷你尺寸的馬爾歇包圖樣，甜美的模樣總是緊緊地吸引著眾人目光。
加上兩條提把的設計造型，讓人不由得想要提提看呢！

＊使用線材…DARUMA蕾絲線＃40 紫野　　＊作法…P.50

應用主題圖樣の吊飾

將吊繩加在馬爾歇包的提把上，
單掛一個，或一次掛上兩個都很吸睛唷！

＊使用線材…DARUMA蕾絲線＃40 紫野
＊作法…P.51

P.48 主題圖樣 p の作法

p-1

3.7cm
4.3cm

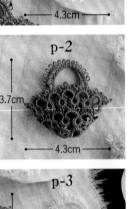

p-2

3.7cm
4.3cm

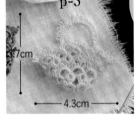

p-3

3.7cm
4.3cm

●使用線材

p-1
DARUMA蕾絲線#40 紫野
米白色（2）

p-2
DARUMA蕾絲線#40 紫野
咖啡色（17）

p-3
DARUMA蕾絲線#40 紫野
象牙白（3）

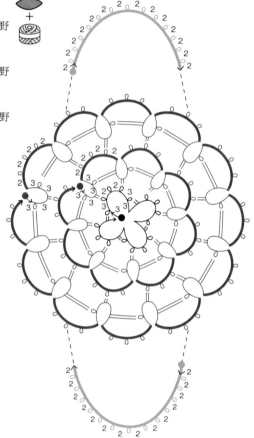

《第1段》
1 以梭子編織1個「3目・耳・3目・耳・2目・耳・2目・耳・3目・耳・3目」的環。
2 依照織圖重複編織。

《第2段》
1 以梭子編織1個「3目・耳・3目・與前段的環接耳・3目・耳・3目」的環。
2 加上線球側的線後編織「2目・耳・2目・耳・2目・耳・2目」的架橋。
3 依照織圖重複編織。

《第3段》
1 以梭子編織1個「3目・耳・3目・與前段接耳・3目・耳・3目」的環。
2 加上線球側的線後編織「2目・耳・2目・耳・2目・耳・2目」的架橋。
3 依照織圖重複編織。

《提把》
1 先在第3段的耳上加線，再編織「『2目・耳』×13次・2目」的架橋。
2 以梭線接耳要領連結第3段的耳（參考P.33）。

＊本體の作法

1 編織第1段後處理線頭。

2 編織第2段後處理線頭。完成微微呈現出立體感的主題圖樣。

← 第1段
← 第2段
← 第3段

3 第3段編織完成後處理線頭。上圖為本體完成後的模樣。

50

✳提把の作法 ※圖示中使用不同顏色的線以便更清楚地說明。

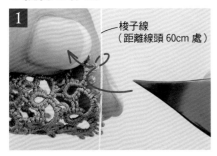
梭子線
（距離線頭 60cm 處）

將梭子的尖角插入第3段的耳,再依箭頭指示挑鉤距離梭子側線頭端60cm處。

鉤出線後擴大線圈,再將梭子穿過線圈（操作要領如梭線接耳（參考P.33））。

線頭側
梭子線

拉動左手線後縮緊線圈。

重複編織2目&耳,完成提把部位的架橋。

以步驟 **1** 至 **3** 要領連結本體第3段的耳。

提把完成。

P.49 ✽ *21·22*

21

22

✳使用線材
DARUMA蕾絲線
21 #40 紫野 咖啡色（17）
22 #40 紫野 米白色（2）
✳其他材料
T針（0.5×14mm・古銅色）1個
淡水珍珠（橢圓形・約4.5mm・白色）各1個
手機吊繩（古銅色）各1個
單圈（0.7×4mm・古銅色）各1個
橢圓C圈（3.7×5.5mm・古銅色）各1個
✳完成尺寸
主題圖樣 長3.7cm 寬4.3cm
✳作法
1. 分別編織1枚主題圖樣p。（參考P.50）
2. 安裝金屬配件。
3. 完成裝飾後與金屬配件組合。

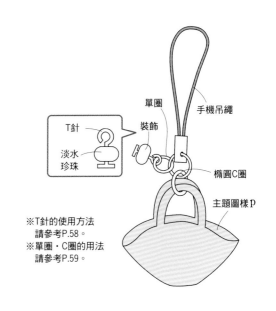

單圈
裝飾
手機吊繩
T針
淡水珍珠
橢圓C圈
主題圖樣p

※T針的使用方法請參考P.58。
※單圈・C圈的用法請參考P.59。

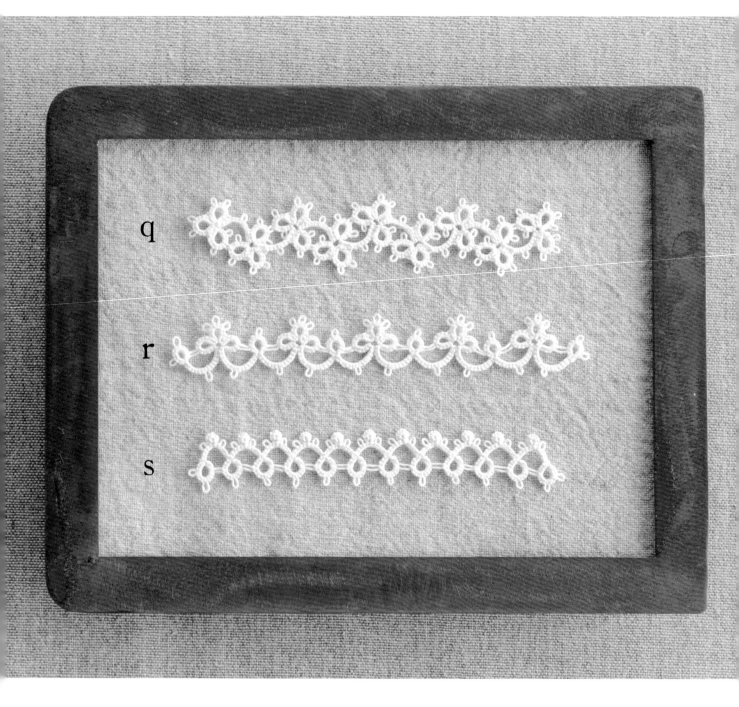

q

r

s

花邊×3款　除了製作單一圖樣之外，也建議將梭編蕾絲廣泛運用於製作花邊。
花邊的長度可以自由調整，請依據想加花邊的作品尺寸編織主題圖樣。

＊使用線材⋯DARUMA蕾絲線＃40 紫野　＊作法⋯q・r →P.55　s →P.56

應用花邊q の手環

運用花邊q的圖樣設計完成的手環。
加上透明釦件後，充滿了清涼的意象。

*使用線材⋯DARUMA蕾絲線＃40 紫野
*作法⋯P.64

25

26

應用花邊 r・s の手帕

以P.52的花邊 r・s 裝飾麻質紗布手帕的邊緣，
完成讓人很想隨身攜帶，滿懷少女情懷的作品。

＊使用線材…DARUMA蕾絲線＃40 紫野
＊作法…P.62

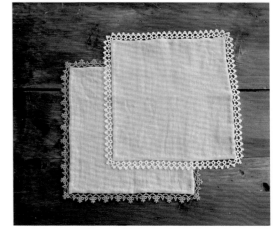

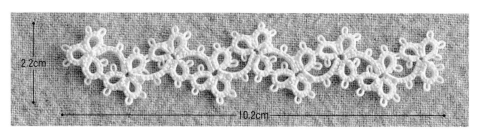

2.2cm

10.2cm

●使用線材
DARUMA蕾絲線#40 紫野　米白色（2）

A
+
B

1　以梭子A編織1個「3目・耳・3目・耳・3目・耳・3目・耳・3目」的環。
2　編織2個「3目・與前一個環接耳・3目・耳・3目・耳・3目」的環。
3　加上梭子B的線後編織「3目・與前一個環接耳・3目・耳・3目・耳・3目」的架橋。
4　編織1個「3目・耳・3目・與前一個環接耳・3目・耳・3目・耳・3目」的環。
5　編織1個「3目・與前一個環接耳・3目・耳・3目・耳・3目」的環。
6　以梭子B，在步驟 4・5 的另一側梭編1個「3目・與前一個環接耳・3目・耳・3目・耳・3目」的環。
7　依照織圖重複編織。

※步驟 4・5 的環&步驟 6 的環哪一部分先完成都OK。

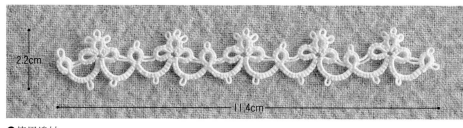

2.2cm

11.4cm

●使用線材
DARUMA蕾絲線#40 紫野　米白色（2）

1　以梭子編織1個「2目・耳・4目・耳・4目・耳・2目」的環。
2　加上線球側的線後編織「7目・耳・7目」的架橋。
3　以梭子編織1個「5目・與前一個環接耳・5目・耳・2目」的環。
4　編織1個「2目・與前一個環接耳・2目・耳・2目・耳・2目・耳・2目・耳・2目」的環。
5　編織1個「2目・與前一個環接耳・5目・耳・5目」的環。
6　依照織圖重複編織。

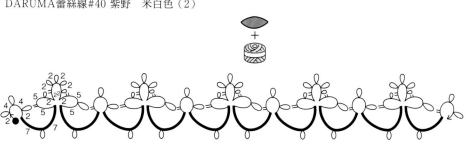

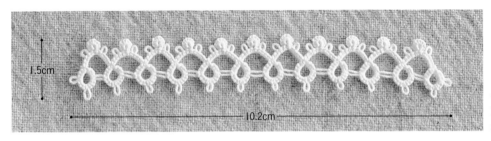

●使用線材
DARUMA蕾絲線#40 紫野
米白色（2）

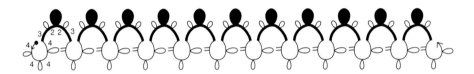

● =約瑟芬結
　（表結10目）

1 以梭子A編織1個「4目・耳・4目・耳・4目・耳・4目」的環。
2 加上梭子B的線後編織「3目・耳・2目・約瑟芬結・2目・耳・3目」的架橋。（編織約瑟芬結時使用梭子B）
3 依照織圖重複編織。

編織「約瑟芬結」

約瑟芬結是完全由表結（或完全由裡結）重複編織而成的結目。
相較於一般的耳，約瑟芬結顯得更有分量。

約瑟芬結

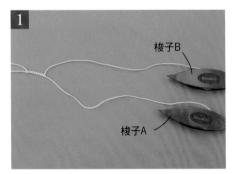

先將梭子B的線搭繞在左手上，再以梭子
A編織架橋。

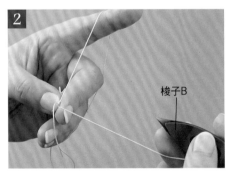

右手拿梭子B，以編環要領將線搭繞在左
手上。（梭子A暫時不動）

編織表結。

編織10目表結後拉動芯線，縮緊結目。

約瑟芬結完成。

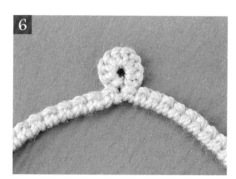

繼續編織。

※貼心叮嚀！

繼續編織作品後，可能出現蕾絲線扭擰在一起的情形，尤其編織約瑟芬結等只編織表結的過程中更容易出現線材扭擰的現象。因此建議如圖片中作法，以手拉住蕾絲線，讓梭子懸掛在空中以解決線材扭擰問題。線材出現扭擰現象時若不加以改善，拉緊蕾絲線時，很可能因為線材打結而導致斷線，影響編織作業之進行。

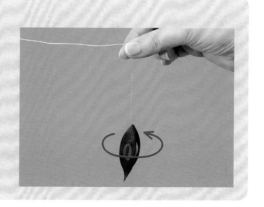

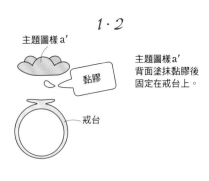

主題圖樣a'

1·2

主題圖樣a'
背面塗抹黏膠後
固定在戒台上。

黏膠

戒台

3

主題圖樣a'

縫線

縫針

髮簪

將2個主題圖樣a'
縫在髮簪上。

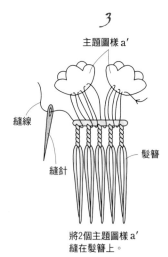

附釦頭的項鍊

※單圈＆C圈的使用方法
　請參考P.59。

＊使用線材
DARUMA蕾絲線
1 ＃40 紫野　薰衣草色（13）
2 ＃30 葵　灰粉色（3）
3 ＃40 紫野　米白色（2）
4 ＃30 葵　灰粉色（3）
5 ＃30 葵　米白色（2）

＊其他材料
1·2 戒台（黏貼部位10mm・古金色）各1個
3 髮簪（5插・古金色）1個
4·5 淡水珍珠（米粒珠・約4.5mm・白色）各1個
　　　鏤空配件（花六瓣・約15mm・古銅色）各1個
　　　附釦頭的項鍊（古銅色）40cm
　　　C圈（3.5×2.5mm・古銅色）各1個
　　　橢圓C圈（3.7×5.5mm・古銅色）各1個
　　　T針（0.5×14mm・古銅色）各1個

＊作法
1·2
1. 分別編織1枚主題圖樣a'（參考P.24）。
2. 黏在戒台上。
3
1. 編織2個主題圖樣a'（參考P.24）。
2. 固定在髮簪上。
4·5
1. 分別編織1個主題圖樣b'（參考P.25）。
2. 完成裝飾後與主題圖樣組合。
3. 裝上金屬配件。

4·5

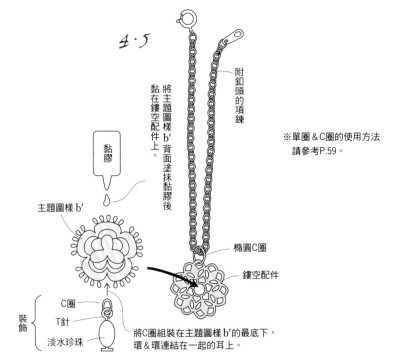

將主題圖樣b'背面塗抹黏膠後黏在鏤空配件上。

黏膠

主題圖樣b'

裝飾
C圈
T針
淡水珍珠

橢圓C圈

鏤空配件

將C圈組裝在主題圖樣b'的最底下，
環＆環連結在一起的耳上。

T針の使用方法

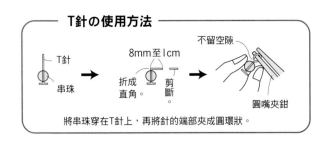

T針
串珠

折成
直角。

8mm至1cm

剪
斷

不留空隙

圓嘴夾鉗

將串珠穿在T針上，再將針的端部夾成圓環狀。

依步驟①至③順序，一邊連結，一邊編織各主題圖樣。

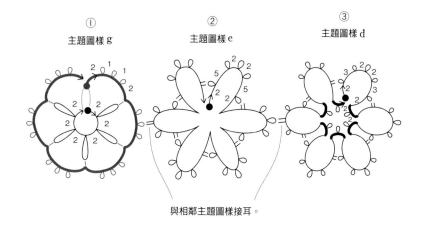

①　主題圖樣 g　②　主題圖樣 e　③　主題圖樣 d

與相鄰主題圖樣接耳。

＊使用線材
DARUMA蕾絲線
＃40 紫野　米白色（2）

＊其他材料
施華洛世奇材料
　（＃5301・5mm・水晶AB）1個
手機吊繩（古銅色）1個
單圈（0.7×4mm・古金色）1個
T針（0.5×14mm・古銅色）1個

＊作法
1. 編織1枚主題圖樣g（參考P.33）。
2. 過程中一邊連結主題圖樣g，一邊編織1個主題
　圖樣e（參考P.31）。
3. 過程中一邊連結主題圖樣e，一邊編織1個主題
　圖樣d（參考P.30）。
4. 組裝單圈＆手機吊繩。
5. 完成裝飾後與單圈組合。

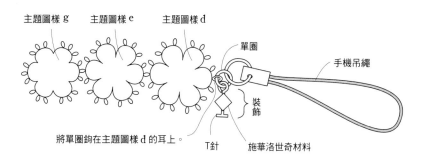

主題圖樣 g　主題圖樣 e　主題圖樣 d　單圈　手機吊繩

裝飾

T針　施華洛世奇材料

將單圈鉤在主題圖樣d的耳上。

※T針的使用方法請參考P.58。

單圈・C圈的使用方法

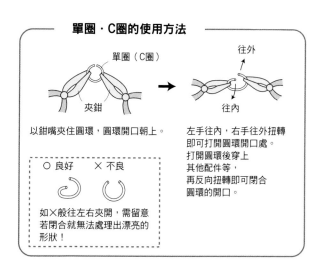

單圈（C圈）

夾鉗

以鉗嘴夾住圓環，圓環開口朝上。

往外

往內

左手往內，右手往外扭轉
即可打開圓環開口處。
打開圓環後穿上
其他配件等，
再反向扭轉即可閉合
圓環的開口。

○ 良好　　× 不良

如×般往左右夾開，需留意
若閉合就無法處理出漂亮的
形狀！

✽使用線材
10 DARUMA金蔥蕾絲線♯30　灰色（6）
11 DARUMA金蔥蕾絲線♯30　金色（1）
12 DARUMA金蔥蕾絲線♯30　粉紅色（5）

✽其他材料
10・11 耳環金屬配件（U字・古金色）各1組
　　　　 單圈（0.6×3mm・古金色）各2個
12 項鍊（古金色）50cm
　　 龍蝦釦（古銅色）1個
　　 延長鍊（古銅色）1個
　　 單圈（0.6×3mm・古金色）7個

✽作法
10
1. 編織2枚主題圖樣g（參考P.33）。
2. 與金屬配件組合。
11
1. 編織2枚主題圖樣d（參考P.30）。
2. 與金屬配件組合。
12
1. 編織1枚主題圖樣d。
　（參考P.30）
2. 編織1枚主題圖樣e。
　（參考P.31）
3. 編織2枚主題圖樣f。
　（參考P.32）
4. 編織1枚主題圖樣g。
　（參考P.33）
5. 與金屬配件組合。

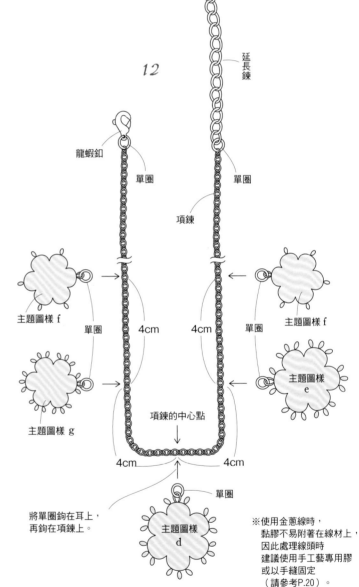

12

延長鍊

龍蝦釦

單圈　　　單圈

項鍊

主題圖樣 f　　　　主題圖樣 f

單圈　　　　　　單圈

4cm　4cm

主題圖樣 g　　　　主題圖樣 e

項鍊的中心點

4cm　　　　4cm

將單圈鉤在耳上，
再鉤在項鍊上。

主題圖樣 d

單圈

※使用金蔥線時，
　黏膠不易附著在線材上，
　因此處理線頭時
　建議使用手工藝專用膠
　或以手縫固定
　（請參考P.20）。

10・11

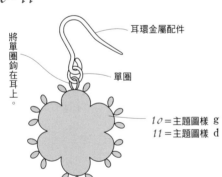

耳環金屬配件

將單圈鉤在耳上。

單圈

10 ＝主題圖樣 g
11 ＝主題圖樣 d

※單圈使用方法
　請參考P.59。

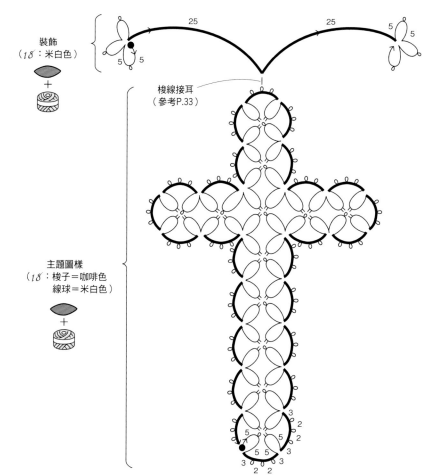

裝飾
(*18*：米白色)

梭線接耳
(參考P.33)

主題圖樣
(*18*：梭子＝咖啡色
線球＝米白色)

✽使用線材
DARUMA蕾絲線#40 紫野
18 米白色（2） 咖啡色（17）
19 米白色（2）
20 咖啡色（17）

✽完成尺寸
長8.2cm 寬5.5cm（不含裝飾部分）

✽作法
1. 編織十字架圖樣（應用P.47的主題圖樣o）。
※編織18時將咖啡色線繞在梭子上，線球側使用米白色。
2. 編織裝飾。過程中以梭線接耳要領連結在主題圖樣上。
※編織18時，梭子側＆線球側皆使用米白色。

✽*18*の換線要領

將咖啡色線繞在梭子上，線球側直接使用米白色線。
將繞在梭子線＆線球側的線互換後，環＆架橋的顏色就會不同。

編織第1個環。

加上線球側的線後編織架橋。

架橋完成。環的部分為梭子側線材的
顏色，架橋為線球側線材的顏色。

✿ *25 · 26*

＊使用線材
DARUMA蕾絲線
25 ♯40 紫野　薰衣草色（13）
26 ♯40 紫野　白色（1）
＊其他材料
布料（麻質雙層紗布‧*25* 淺紫色　*26* 淺咖啡色）
各23.5×23.5cm
＊作法
25
1. 編織花邊r（參考P.55），轉角部分必須調整
　 耳的長度以形成直角。
2. 布料縫布邊。
3. 將花邊縫在布料上。
26
1. 編織花邊s（參考P.56），轉角部位必須調整
　 耳的長度以形成直角。
2. 布料縫布邊。
3. 將花邊縫在布料上。

● ＝約瑟芬結
　　（表結10目）

25

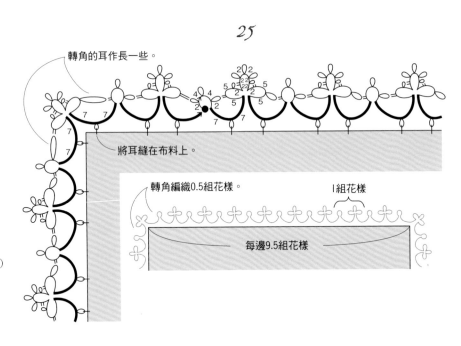

轉角的耳作長一些。

將耳縫在布料上。

轉角編織0.5組花樣。

I組花樣

每邊9.5組花樣

26

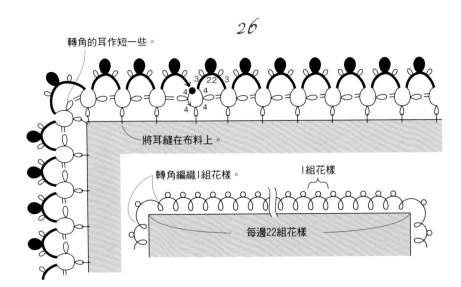

轉角的耳作短一些。

將耳縫在布料上。

轉角編織I組花樣。

I組花樣

每邊22組花樣

布料の縫法

①裁剪布料。

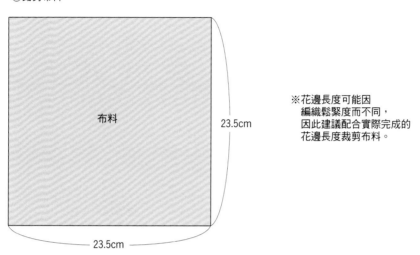

布料

23.5cm

23.5cm

※花邊長度可能因
　編織鬆緊度而不同，
　因此建議配合實際完成的
　花邊長度裁剪布料。

②縫布邊。

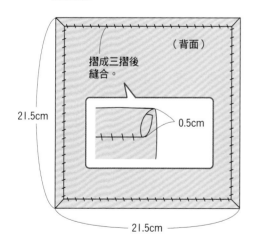

（背面）

摺成三摺後
縫合。

0.5cm

21.5cm

21.5cm

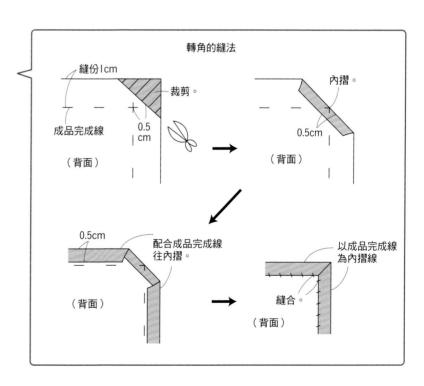

轉角的縫法

縫份1cm

裁剪。

成品完成線

0.5cm

（背面）

內摺。

0.5cm

（背面）

0.5cm

配合成品完成線
往內摺。

（背面）

以成品完成線
為內摺線

縫合。

（背面）

＊使用線材
DARUMA蕾絲線
23 ♯40 紫野　象牙白（3）
24 ♯40 紫野　黑色（18）
＊其他材料
釦子（13×11.5×厚6mm・透明）各1個
＊完成尺寸
手圍　17cm
＊作法
1. 編織花邊q（參考P.55）。
2. 花邊完成後編織釦耳。
3. 縫上釦子。

23·24

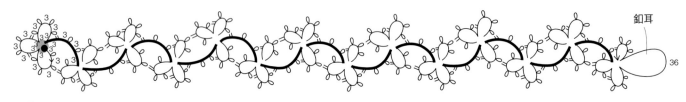

●＝縫上釦子的位置

※可以配合使用的釦
　件大小，自行調整
　釦耳的編織目數。

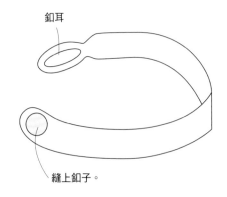

釦耳

縫上釦子。

● 樂・鉤織 13

初學梭編蕾絲の美麗練習帖（暢銷版）
手作細緻柔美の花樣耳環・項鍊・手鍊・掛飾・髮飾・雜貨小物

作　　者／sumie
譯　　者／林麗秀
發 行 人／詹慶和
總 編 輯／蔡麗玲
執行編輯／陳姿伶
特約編輯／蘇方融
編　　輯／蔡毓玲・劉蕙寧・黃璟安・李宛真・陳昕儀
美術編輯／陳麗娜・周盈汝・韓欣恬
內頁排版／造極
出 版 者／Elegant-Boutique新手作
發 行 者／悅智文化事業有限公司
郵撥帳號／19452608　戶名：悅智文化事業有限公司
地　　址／新北市板橋區板新路206號3樓
電　　話／(02)8952-4078
傳　　真／(02)8952-4084
網　　址／www.elegantbooks.com.tw
電子郵件／elegant.books@msa.hinet.net

2018年11月二版一刷　定價280元

Lady Boutique Series No.3215
HAJIMETE NO TATTING LACE
Copyright© 2011 BOUTIQUE-SHA
All rights reserved.
Original Japanese edition published in Japan by BOUTIQUE-SHA.
Chinese (in complex character) translation rights arranged with BOUTIQUE-SHA
through KEIO CULTURAL ENTERPRISE CO., LTD.

經銷／易可數位行銷股份有限公司
地址／新北市新店區寶橋路235巷6弄3號5樓
電話／(02)8911-0825　傳真／(02)8911-0801

國家圖書館出版品預行編目 (CIP) 資料

初學梭編蕾絲の美麗練習帖：手作細緻柔美的花樣
耳環．項鍊．手鍊．掛飾．髮飾．雜貨小物 / sumie
著；林麗秀譯. -- 二版. -- 新北市：新手作出版：
悅智文化發行, 2018.11
　面；　公分. -- (樂 ・ 鉤織；13)
譯自：はじめてのタティングレース
ISBN 978-986-96655-5-1(平裝)

1. 編織 2. 手工藝

426.4　　　　　　　　　　　　　107016107

◎ Staff
編　　輯　　矢口佳那子・大前かおり
　　　　　　北原さやか・高橋沙繪
攝　　影　　藤田律子
書籍設計　　八木靜香
插　　圖　　米谷早織

樂・鉤織 01

從起針開始學鉤織（暢銷版）
BOUTIQUE-SHA◎授權
定價300元

樂・鉤織 02

親手鉤我的第一件夏紗背心
BOUTIQUE-SHA ◎授權
定價 280 元

樂・鉤織 03

勾勾手・我們一起學蕾絲鉤織
BOUTIQUE-SHA ◎授權
定價 280 元

樂・鉤織 04

雙花樣＆玩顏色！親手鉤出
好穿搭的鉤織衫＆配飾
BOUTIQUE-SHA ◎授權
定價 280 元

樂・鉤織 05

一眼就愛上的蕾絲花片！
111 款女孩最愛的
蕾絲鉤織小物集
Sachiyo Fukao ◎著
定價 280 元

樂・鉤織 06

初學鉤針編織的最強聖典
（熱銷經典版）
日本 Vogue 社◎授權
定價 350 元

樂・鉤織 07

甜美蕾絲鉤織小物集
日本 Vogue 社◎授權
定價 320 元

樂・鉤織 08

好好玩の梭編蕾絲小物
（暢銷版）
盛本知子◎著
定價 320 元

樂・鉤織 09

Fun 手鉤！我的第一隻
小可愛動物毛線偶
陳佩瓔◎著
定價 320 元

樂・鉤織 10

日雜最愛的甜美系繩編小物
日本 Vogue 社◎授權
定價 300 元

樂・鉤織 11

鉤針初學者の
花樣織片拼接聖典
日本 Vogue 社◎授權
定價 350 元

樂・鉤織 12

襪！真簡單 我的第一雙
棒針手織襪
MIKA ＊ YUKA ◎著
定價 300 元

雅書堂 EB 新手作
雅書堂文化事業有限公司
22070新北市板橋區板新路206號3樓
網 址 http://www.elegantbooks.com.tw
部落格 http://elegantbooks2010.pixnet.net/blog
TEL:886-2-8952-4078 · FAX:886-2-8952-4084

樂·鉤織 13

初學梭編蕾絲の
美麗練習帖（暢銷版）
sumie◎著
定價 280 元

樂·鉤織 14

媽咪輕鬆鉤！0 至 24 個月的
手織娃娃衣&可愛配件
BOUTIQUE-SHA◎授權
定價 300 元

樂·鉤織 15

小物控愛鉤織！
可愛の繡線花樣編織
寺西惠里子◎著
定價 280 元

樂·鉤織 16

開始玩花樣！
鉤針編織進階聖典
針法記號 118 款&花樣編 123 款
日本 Vogue 社◎授權
定價 350 元

樂·鉤織 17

鉤針花樣可愛寶典
日本 Vogue 社◎著
定價 380 元

樂·鉤織 18

自然優雅·手織的
麻繩手提袋&肩背包
朝日新聞出版◎授權
定價 350 元

樂·鉤織 19
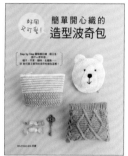
好用又可愛！
簡單開心織的造型波奇包
BOUTIQUE-SHA◎授權
定價 350 元

樂·鉤織 20

輕盈感花樣織片の純手感鉤織
手織花朵項鍊 × 斜織披肩 × 編
結胸針 × 派對包 × 針織裙……
Ha-Na◎著
定價 320 元

樂·鉤織 21

午茶手作·半天完成我的第一
個鉤織包（暢銷版）
鉤針 +4 球線 ×33 款造型設計
提袋＝美好的手作算式
BOUTIQUE-SHA◎授權
定價 280 元

樂·鉤織 22

手作超唯美の
梭編蕾絲花樣飾品
BOUTIQUE-SHA◎授權
定價 350 元